小动物吃什么科普绘本系列

好饿的蚂蚁

杨胡平 | 著

陌黎晓
插画工作室 | 绘

U0348654

中国农业科学技术出版社

图书在版编目（CIP）数据

好饿的蚂蚁 / 杨胡平著 . — 北京 : 中国农业科学技术出版社 , 2018.1
ISBN 978-7-5116-3358-3

Ⅰ . ①好… Ⅱ . ①杨… Ⅲ . ①儿童故事—图画故事—中国—当代 Ⅳ . ① I287.8

中国版本图书馆 CIP 数据核字（2017）第 271487 号

责任编辑　张志花
责任校对　贾海霞

出 版 者　中国农业科学技术出版社
　　　　　北京市中关村南大街 12 号　邮编：100081
电　　话　（010）82106636（编辑室）　（010）82109702（发行部）
　　　　　（010）82109709（读者服务部）
传　　真　（010）82106631
网　　址　http://www.castp.cn
经 销 者　各地新华书店
印 刷 者　北京地大天成印务有限公司
开　　本　787mm×1092mm　1 /16
印　　张　2
版　　次　2018 年 3 月第 1 版　2018 年 3 月第 1 次印刷
定　　价　15.00 元

◄━━◄◄ 版权所有 · 侵权必究 ►►━━►

　　新的一天开始了，勤快的小蚂蚁奔奔，像往常一样爬出洞外，和伙伴们去寻找食物。小蚂蚁奔奔边走边挥动着它的一对触角想：希望今天能有好运气，在离洞不远的地方，就能找到可口的食物。

1

"哇！好大的一颗麦粒！"小蚂蚁奔奔在田边，发现了一颗饱满的麦粒。正当它准备冲过去搬运麦粒时，一只麻雀突然飞落下来，一口吞下麦粒飞走了。

2

　　"真糟糕！"可小蚂蚁奔奔
不灰心，继续寻找着食物，它又
找到了一粒更加饱满的麦粒，
奔奔赶紧用嘴叼着它，拖着向洞
里走去。

勤快的小蚂蚁萃萃，在不停地寻找食物。很快，在路边，已又找到了一大块面包屑。

"好香的面包呀！"萃萃用嘴拖着面包屑，回到了洞里。

4

小蚂蚁奔奔继续寻找食物，这次，它又幸运地在草丛中找到了一只苍蝇，苍蝇一动也不动。

"也许是它睡着了！"小蚂蚁奔奔跑过去，一口咬住了苍蝇，可苍蝇一点反应也没有，原来是只死苍蝇。于是，奔奔将它拖回了洞里。

　　这次，小蚂蚁奔奔来到了果园里，一阵风吹过，忽然"啪嗒"一声，一颗金黄的杏儿，从树上掉了下来，落在奔奔身边，吓了它一大跳。

　　小蚂蚁奔奔忍不住尝了一口说："哇，好甜的杏儿呀！"

7

可是杏儿太大、太重，小蚂蚁奔奔拖不动：
"这可怎么办呢？"

　　奔奔挥动着触角，跑到不远处，喊来了许多
小伙伴，大家一起分享了甜杏。

　　小蚂蚁奔奔，再次走在寻找食物的路上。

这时，一只小熊走了过来，它边走边喝着瓶子里的蜂蜜。小蚂蚁奔奔闻到了蜂蜜的甜味，触角都竖了起来。

"啪嗒"一声，一大滴
蜂蜜，从小熊嘴角滴了下来，
掉在一片落叶上面。

"哇！真甜！我最喜欢吃甜食了。"小蚂蚁奔奔跑过去，吃了一口说。

这么一大滴蜂蜜搬不回洞里，所以，小蚂蚁奔奔，又喊来了一大群小伙伴，大家一起分享了蜂蜜。

　　"你们爬上葫芦蔓干什么呀？"小蚂蚁奔
奔问一只正准备往葫芦蔓上爬的小蚂蚁。

　　"葫芦叶子上面，有我们喜欢吃的蜜露，
快跟我们去吃吧。"小伙伴说。

于是，它们一起爬上了葫芦藤，小蚂蚁奔奔这才知道，蜜露原来是蚜虫的便便。

虽然听起来恶心，但蜜露的味道确实不错。

小蚂蚁奔奔又在寻找食物的路上了，这次，它碰到了一只奇怪的蚂蚁——一只拖着树叶往回走的蚂蚁。

17

你好！请问你吃树叶吗？

小蚂蚁奔奔觉得很奇怪，它可从没有见过吃树叶的蚂蚁。

你要将树叶当床用吗？

小蚂蚁奔奔继续不解地问。

哈哈，我不吃树叶。但我需要树叶。我是切叶蚁，将这些树叶拖回洞里，是用来培植蘑菇的，蘑菇可是我们的美味。

在切叶蚁的辛苦劳作下，

20

小蘑菇长得很旺盛。

小蚂蚁奔奔又走在寻找食物的路上了，这次，它碰到了一群白蚁。"你们在干什么？"小蚂蚁奔奔忍不住问。

23

"我们在吃石头呀！你也一起来吃吧！"一只白蚁邀请小蚂蚁奔奔。

"石头也能吃吗？我吃过麦粒，吃过米饭，吃过虫子，吃过水果，吃过蜂蜜，可从来没吃过石头。"小蚂蚁茧茧不解地说。

25

"我们还能吃木头、纸张和布匹呢！"

另一只白蚁爬到衣架上的一件衣服上，咬了起来。

"我们还能吃塑料和电线呢！"又一只白蚁爬到旁边的一个塑料玩具上吃了起来。

"真的有那么好吃吗？我也要尝尝石头和塑料的味道。"小蚂蚁奔奔咬了一口石头，"哇！好硬，根本咬不动。为什么我不能吃石头呢？"

"哈哈，因为我们并不是同一类昆虫。你们蚂蚁是膜翅目昆虫，而我们白蚁属于蜚蠊目昆虫。"一只白蚁走过来解释。

就在这时，一位戴口罩的叔叔拿着杀虫剂过来，对着这些白蚁们一阵狂喷。白蚁们被消灭掉了，吓得小蚂蚁奔奔赶紧逃跑了。

　　在回家的路上，小蚂蚁奔奔发现了一只大青虫，
它喊来小伙伴们，经过一番搏斗后，制服了大青虫，
大家抬着大青虫，高高兴兴地回家了。

蚂蚁洞里堆满了
各种食物：有麦粒，
有面包屑，有死苍蝇，
有糖粒。

冬天来
了，洞外刮着
呼呼的寒风，
洞里的蚂蚁们
在吃饱饭后，
睡着了，它们
还在做着香甜
的美梦呢。

30